LETTRE

SUR

LES OLIVIERS.

AVERTISSEMENT.

C'EST avec empressement que nous faisons part au public d'une Lettre sur les Oliviers, d'autant plus intéressante, qu'elle renferme avec les meilleurs principes pour la taille de ces arbres, opération qui décidera toujours de leur durée & de leur produit; une methode toute nouvelle & heureusement enfin opposée à la routine aveugle & meurtriere qui, bien plus que la rigueur des hivers, a causé & cause encore leurs pertes réitérées, ainsi que nous l'avons dit plusieurs fois, & que nous ne cesserons de le répéter jusqu'à ce que nous voyions succeder une bonne pratique, soit pour les élever, soit pour les conduire.

Nous avions marqué avec trop

de ſentiment nos beſoins preſſans dans cette partie principale de notre agriculture, & nous avions témoigné avec trop de zele vouloir effectuer nos promeſſes, dans différens traités que nous annoncions & que nous nous propoſions de donner dans la ſuite, tant ſur cet objet que ſur d'autres, pour ne pas accueillir avec préférence les ouvrages qui pourront mieux remplir & nos vues, & l'attente du public à cet égard; pour ne pas inviter toujours plus les Cultivateurs éclairés à nous prévenir, ou faire après, mieux que nous, & pour ne pas louer ſur-tout ceux qui le feront avec autant de connoiſſance & de capacité que le patriote zelé à qui nous devons cette Lettre.

Cette occaſion doit encore augmenter notre gratitude envers M. L. P. D. P. dont l'heureux exem-

ple a décidé, nous n'en doutons pas, le moment favorable qui nous la procure, & a pu engager à communiquer pour l'instruction publiblique, un bienfait dont on ne pouvoit priver ses concitoyens qu'avec regret; bienfait auquel nous devons & auquel nous donnons avec plaisir les plus justes éloges.

LETTRE

SUR

LES OLIVIERS,

Ecrite à M. B. par Mr. D. le 23 Décembre 1762.

MONSIEUR,

Vous m'avez demandé par votre lettre, des instructions sur la culture des Oliviers.

Cette demande a de quoi embarrasser, attendu que personne ne s'est encore avisé de donner une méthode fixe & certaine pour la culture de cet arbre ; chaque propriétaire le gouverne conformément à ses idées & suivant ses facultés.

Nous avons vû introduire dans notre terroir, il y a quelque tems, une taille extraordinaire qui avoit été presque généralement adoptée, & qui a porté des coups meurtriers à un nombre infini d'Oliviers, qui exposent encore aux yeux des passans les blessures qu'ils ont reçues depuis une quinzaine d'années, par le rabattement général de leur somité, & le retranchement inconsidéré de plusieurs de leurs grosses branches: les suites fâcheuses de cette taille ont déterminé les propriétaires à la proscrire, & on s'est réduit au simple élaguement.

Vous jugez par ce seul trait que le gouvernement de cet arbre a varié, & qu'il est exposé à devenir la victime de la mode, par le défaut d'une méthode qui fixe l'incertitude où l'on est encore sur la maniere convenable de le cultiver.

Les Traités d'Agriculture ont parlé trèsbriévement des Oliviers, & ils sont d'un foible secours pour nous diriger dans leur culture. Je me trouve par là réduit à vous tracer une méthode fondée sur mes expériences & sur l'usage du Pays, que je modifie dans certains cas, & dont je m'écarte dans d'autres.

La culture des Oliviers, ainsi que des autres arbres fruitiers, est réduite à trois objets : la Plantation, la Taille & le Gouvernement ; je tâcherai de les discuter succintement & par ordre. Si je ne satisfais pas entiérement votre curiosité, j'aurai au moins l'avantage de vous avoir donné une preuve de mon attachement.

DE LA PLANTATION.

LA mortalité presque générale des Oliviers arrivée en 1709, nous a fourni le moyen de multiplier les plantations par le nombre de rejetons que chaque souche repoussa ; ces rejetons ayant acquis une grosseur suffisante pour être transplantés, on en a formé des vergers nouveaux dans des terres qui n'en étoient pas complantées ; mais ces rejetons surnuméraires deviennent de jour en jour plus rares, & si de tems en tems de fortes gelées ne faisoient pas périr des Oliviers situés dans des bas-fonds, on auroit de la peine à en trouver. On doit regarder ces événemens comme un arrangement de la Providence, qui nous a dispensé jusqu'aujourd'hui d'en faire des pépinieres.

Les Oliviers peuvent être multipliés par boutures, & par des parties d'anciennes souches éclatées avec quelque instrument tranchant, lesquelles on dispose par rayons, dans une terre propre à faire une Pépiniere, & préparée à cet effet ; il leur faut environ ſix ans avant qu'ils ſoient en état d'être tranſplantés.

Les rejetons produits par les ſouches des anciens Oliviers, ont acquis dans ſix ans une groſſeur convenable, & ils réuſſiſſent parfaitement lorſqu'ils ſont tranſplantés ſuivant les regles ; on les a vus ſouvent donner du fruit à la troiſieme année.

Les trous pour les plantations d'Oliviers doivent être faits en novembre, afin que les pluies de l'hiver portent l'humidité plus profondément dans le trou & aux environs, & que les gelées diviſant la terre, la rendent plus friable. Ils doivent avoir au moins cinq pans en quarré, & deux pans & demi de profondeur.

La diſtance qu'on met entre les Oliviers, eſt ſubordonnée à la forme qu'on donne à la plantation. Si on ne plante que ſur une ligne autour d'une propriété de terre, on peut faire les trous à trois canes l'un de l'autre ; ils doivent au moins en avoir ſix lorſqu'on plante en quinquonce.

On arrache les rejetons d'Oliviers vers la fin du mois de mars, ou au commencement du mois d'avril : ſi on les tire de loin, il eſt eſſentiel de les garantir de la ſéchereſſe dans le tranſport, & on ne doit pas différer de les mettre en terre d'abord après les avoir reçus.

On choiſit par préférence les rejetons

dont l'écorce eſt unie & luiſante ; ils doivent être environ de la groſſeur du poignet ; ils ſont plutôt formés que ceux qu'on planteroit plus petits : on en coupe les branches un peu au-deſſous de leur naiſſance. En les arrachant on emporte avec eux une partie de la ſouche ſur laquelle ils ſe trouvent placés : la groſſeur de cette portion de ſouche ne peut pas être déterminée ; elle dépend de la ſituation éloignée ou trop voiſine du rejeton qui reſte à demeure ; elle doit avoir au moins un pan de diametre, & autant d'épaiſſeur que la ſouche.

On pare proprement , & on équarrit avec une hâche la partie de la ſouche qui doit porter à plat ſur le terrein, afin qu'elle puiſſe ſe tenir perpendiculairement, autant que de la ſouche peut le permettre.

Avant de planter on jette dans le fonds du trou un demi pan de terre priſe dans la ſuperficie du chaume voiſin , on place enſuite le plan , & on couvre la ſouche avec de la même terre , qu'on a grande attention d'introduire avec la main dans tous les endroits creux de cette ſouche : on plombe le terrein légérement avec le pied , & on remplit le trou juſqu'à un demi pan près , afin que les pluies du printems pénetrent plus librement juſqu'au fond du trou; on couvre la tête de l'arbre avec de l'argile humectée, en forme d'emplâtre.

Il est à observer que cette plantation doit se faire par un tems sec, & qu'on doit différer de planter lorsque le terrein est trop humide; on acheve de remplir le trou à la fin de mai, & avant les chaleurs; cette derniere opération qui acheve le remplissage, tend à garantir le plan contre la sécheresse de l'été.

Il ne faut point mettre du fumier dans les trous en plantant les Oliviers: on les plante dans le mois d'avril; les chaleurs, & souvent la sécheresse de la saison prochaine leur sont très-nuisibles; on en voit même quelquefois dont les bourgeons naissans dessechent dans le mois d'août; le fumier ne serviroit alors qu'à augmenter le degré de chaleur, & à accélérer leur dépérissement.

On ne doit donner du fumier aux Oliviers qu'à la fin de l'automne, & lorsque leur premiere pousse annonce que les racines commencent à se former autour de la souche.

Dans le mois d'août on fait la visite du plan, on éclate avec les doigts, ou même avec la serpette, tous les bourgeons qui ont poussé le long du pied, & on laisse subsister généralement tous ceux qui ont pouſſé à la ſomité, ſans en ſupprimer aucun.

On ne doit point encore ébourgeonner la tête de ce jeune plan ; l'Olivier recouvre très-lentement, on interromproit, & même on arrêteroit le cours de la ſeve, ſi on le déchargeoit ſitôt des bourgeons ſurnuméraires dans cette partie ; ces bourgeons ſont autant de ſuçoirs qui attirent la ſeve, & qui operent le recouvrement de la coupe de l'arbre ; leur retranchement, bien loin d'être profitable aux bourgeons qu'on deſtineroit à former la tête de l'arbre, leur ſeroit très-nuiſible par la diminution de l'action, & par le deſſéchement qui en eſt une ſuite dans cette ſaiſon.

Au commencement du mois de ſeptembre, & immédiatement après une pluie, s'il eſt poſſible, on doit donner à l'arbre nouvellement planté un premier labour fort léger ; à la fin de l'Automne on répand du fumier autour de l'arbre, & on lui donne un ſecond labour profond.

Dans le mois de mai ſuivant on ſupprime tous les bourgeons ſurnuméraires, & on ne laiſſe ſubſiſter que ceux qui paroiſſent le plus propres à former la tête de l'arbre ; on les laiſſe pouſſer librement ſans les tailler, & on donne tout de ſuite un labour léger. A la fin du mois d'août autre labour léger, & à la fin de l'Automne même fumier & même labour qu'à pareil tems de l'année précédente.

Dans le mois de mai de l'année ſuivante, on retranche encore les branches qu'on peut avoir laiſſé de trop pour former la tête de l'arbre, & on commence à lui donner la premiere taille.

Ces branches étant ordinairement réduites à trois ou quatre, on les élague en dedans ſans rien toucher au dehors ; on les ravale toutes à la même hauteur, & auprès d'une fourche, autant qu'il eſt poſſible.

La taille des années ſuivantes ſera proportionnée à la force des branches, & à leur poſition. On y procédera ainſi qu'il ſera dit ci-après à l'égard des arbres déja formés.

DE LA TAILLE.

DAns la plantation d'un arbre, on préjuge l'avenir, & on n'agit que par supposition : les racines poussent souvent par un côté opposé à celui sur lequel on les attendoit ; & la maîtresse racine qu'on aura disposée avec beaucoup de précaution, sera peut-être celle qui aura le moins de part à la reprise de l'arbre.

La Nature opere alors seule & dans le secret ; nous avons vu plusieurs fois un plan choisi avec attention, & placé suivant les regles de l'art, ne donner que de foibles signes de vie, & périr enfin après avoir langui quelques années ; tandis que nous voyons avec étonnement dans des terres stériles, & aux environs des rochers, des arbres s'établir, & y devenir, pour ainsi dire, monstrueux.

La Taille, au contraire, est l'effet de la réflexion & des observations ; elle force la nature à céder à la volonté de l'homme ; elle la contraint de former les branches d'un arbre, tantôt en éventail, & tantôt en buisson ; là elle la soumet aux regles de l'Architecture, & ici elle l'oblige à modeler une boule ou une pyramide.

Avant de procéder à la Taille de l'Olivier, il faut en connoître la feuille, les branches, leur position, leur fonction & leur progression.

Les Feuilles des Oliviers sont petites, longues & charnues; elles viennent sur les branches deux à deux, & à paires croisées; leur position garantit les rameaux contre l'ardeur du soleil en été, & elle les protege en hiver contre les gelées : elles sont les premieres à en recevoir les impressions; car on a vu plusieurs fois les feuilles d'un Olivier périr entiérement par le froid, & l'arbre en repousser de nouvelles dans le printems d'après.

Les Feuilles restent sur l'Olivier pendant deux ans; ce n'est qu'à la troisieme année qu'elles s'en détachent insensiblement & peu à peu, de sorte qu'on ne s'apperçoit presque pas de leur chûte; alors elles n'ont plus aucune fonction à faire, & vers la fin d'août il ne reste que deux sortes de Feuilles sur l'arbre : sçavoir, celle qui a poussé depuis le mois d'avril, & celle de l'année précédente.

La branche du fruit à noyau périt souvent dans l'année qu'elle a donné son fruit. Les bouquets du fruit à pepin peuvent fructifier plusieurs années de suite, mais ils s'épuisent nécessairement, & alors on est obligé de les supprimer, & de chercher sur d'autres branches des bouquets nouveaux qui puiſſent les remplacer.

Il n'en eſt pas de même de l'Olivier : la Branche qui a porté ſon fruit ne périt point, elle rentre dans l'ordre que la nature lui a tracé ; elle devient branche à bois, & elle pouſſe par ſa ſomité pluſieurs branches nouvelles qui promettent des récoltes plus abondantes, & qui ſe multiplient enſuite elles-mêmes en ſuivant toujours le même ordre.

La Branche nouvelle de l'Olivier, dans ſa progreſſion, pouſſe des rameaux qui, de même que les feuilles, ſont placés deux à deux & à paires croiſées : vers la fin de l'été elle ſe trouve ordinairement terminée par trois de ces rameaux, quelques-unes pourtant ne ſe terminent que par deux rameaux, & les plus foibles ne s'alongent que ſur un ſeul. A cette époque il ne ſubſiſte plus ſur l'Olivier que deux parties de bois garnies de feuilles : le bois de deux ans qui eſt pour lors en fruit, & le bois de l'année qui donnera des fleurs au mois de juin ſuivant.

Cette Branche nouvelle eſt d'une forme quarrée ; les feuilles qui pouſſent à paires croiſées ſur toute ſa longueur, forment alternativement un renflement ſur chacun des quarrés. Cette forme quarrée ſe ſoutient pendant deux ans, mais à la troiſieme année le renflement ſe diſſipe, le pédicule de chaque feuille s'attenue, elles jauniſſent, & elles ſe détachent inſenſiblement de l'arbre. Cette portion de branche prend alors une forme ronde, & elle devient branche à bois.

On diſtingue la Branche nouvelle par l'apparition d'un petit bouton qui commence à ſe montrer pendant l'été dans l'aiſſelle de chaque feuille ; alors le bois de deux ans ſe trouve chargé de fruit, à moins qu'il n'ait péri par quelque cas fortuit, ce qu'il eſt aiſé de reconnoître à une petite cicatrice ronde & noire qui paroît dans l'aiſſelle de la feuille, & qui manifeſte la perte de ſon fruit.

Le rameau d'Olivier eſt en fonction pendant deux ans : dans le courant de la premiere année, chacune de ſes feuilles apporte avec elle les marques de ſa fertilité ; les fleurs paroiſſent à la ſeconde année, en forme de grappes, & pluſieurs d'entr'elles reſtent chargées de deux olives. Au commencement de l'été ſuivant, la partie du rameau qui a donné ſon fruit ſe dépouille inſenſiblement de ſes feuilles, & déſormais elle ne fructifiera plus.

L'Olivier doit donc néceſſairement fleurir toutes les années ; il n'y a que le cas fortuit, ou la taille mal entendue, qui puiſſent nous priver de ſon fruit ; rien autre n'eſt capable d'intervertir cet ordre : Et lorſque le Prophete a voulu annoncer un bouleverſement dans la nature, il a dit : *Mentietur opus olivæ.*

La récolte de la préſente année 1762, nous en fournit une preuve bien convaincante : Les Oliviers qui avoient été en rapport en 1761, ont été taillés ſuivant l'uſage en mars & en avril 1762 ; il étoit tombé une fort petite quantité d'eau pendant l'hiver, & les grandes chaleurs ſurvenues dans le printems ont extrêmement ralenti le mouvement de la ſeve.

Ces Oliviers qui ont été émondés dans le mois d'avril, ont, malgré la ſéchereſſe, diſtribué au nombre reſtant de leurs rameaux, une portion de ſeve ſuffiſante pour faire nouer le fruit, & pour pouſſer du bois nouveau qui nous annonce une troiſieme récolte pour l'année prochaine.

Ceux, au contraire, ſur leſquels on attendoit cette récolte qu'on croit alternative, & qui, par une ſuite de cette erreur, n'ont point été taillés, ſe trouvant trop chargés en bois, ils n'ont pas pu fournir à la multiplicité de leurs rameaux la portion de ſeve ſuffiſante pour en faire nouer le fruit, & ils n'ont pas même eu aſſez de force pour pouſſer du bois nouveau.

Si ces Oliviers qui avoient été en rapport en 1761, ont encore donné une récolte abondante en 1762, après avoir été élagués, il eſt donc démontré que l'Olivier eſt annuellement diſpoſé à donner du fruit, & que la taille contribue à le faire nouer, ſur-tout après avoir vu couler le fruit de tous ceux qui n'ont point été taillés, & ſur leſquels on fondoit l'eſpérance de la récolte.

La taille de l'Olivier n'eſt, pour ainſi dire, qu'un ſimple élaguement ; on ne taille point ſes branches, mais on les décharge des rameaux ſurnuméraires, que l'on ſupprime en entier. La connoiſſance de ſes branches doit diriger la main dans cette opération.

Il eſt dangereux de tailler l'Olivier pendant l'hiver : les bleſſures qu'on lui fait dans cette ſaiſon, le rendent plus ſenſible aux impreſſions du froid ; elles pourroient même en occaſionner la perte totale s'il ſurvenoit un verglas. Le tems le plus convenable pour ſa taille eſt depuis le commencement d'avril juſques environ le quinze du mois de mai, & même un peu plutôt, ſi le tems ne paroît plus diſpoſé à la gelée.

On ne doit pas s'attendre à trouver ici une regle fixe & invariable pour la taille de l'Olivier ; c'eſt de tous les arbres fruitiers celui qui produit le plus de rameaux ; ils pouſſent deux à deux & à paires croiſées, de ſorte que ſur une branche un peu inclinée, une paire de rameaux eſt placée horiſontalement, tandis que la paire qui vient après ſe trouve perpendiculaire, & ainſi alternativement juſqu'au bout du rameau, qui eſt communément terminé par trois bourgeons. Le nombre des exceptions donneroit lieu à trop d'incertitudes, & la main du cultivateur ſeroit toujours indéterminée.

Ce qu'on doit avoir pour certain, c'eſt que cet arbre veut être, pour ainſi dire, moulé en boule; il tranſpire continuellement, & ſon écorce eſt preſque toujours en état d'être détachée du bois : s'il eſt ſenſible à la gelée, il ne craint pas moins pendant l'été les rayons directs du ſoleil. La gelée fait fendre ſon écorce, & le ſoleil la rend trop adhérente au bois, deux inconvéniens à redouter. Sa feuille eſt donc ſa ſauvegarde dans toutes les ſaiſons, & ſes rameaux qu'il multiplie à l'infini & qui prennent toute ſorte de direction, nous annoncent aſſez que ſon bois ſe plait à leur ombrage.

Je ſuppoſe que l'Olivier qu'on doit tailler, eſt un arbre déja formé, & qu'il a ſuffiſamment pouſſé à bois.

On doit d'abord examiner l'arbre de tous les côtés, & porter ſes regards ſur les principales branches, pour voir ſi aucune d'elles ſe jetteroit trop ſur les autres, & occaſionneroit de la confuſion; s'il ſe rencontre une branche pareille, il faut la couper à ſa naiſſance. On vient enſuite aux branches moyennes, & on procede de même, s'il y a lieu. Il convient de s'attacher à former l'arbre, avant que d'entrer dans le détail de ses rameaux.

Cette opération finie, on doit, avec la main gauche donner un petit mouvement à la branche qu'on a dessein de tailler, pour examiner si aucun de ses rameaux s'engage dans la branche voisine, ou si la branche voisine vient se jeter sur elle, & suivant l'occurence on supprime entiérement le rameau qui occasionne la confusion; on le coupe à sa naissance, en observant de ne laisser aucun chicot, & d'approcher du bois autant qu'il est possible.

La branche se trouvant pour lors dégagée, on observe la somité de ses rameaux: plusieurs sont terminés par trois bourgeons, il faut enlever celui qui est placé dans le milieu, & qui par conséquent est le plus élevé; d'autres se terminent par deux, on en supprime un lorsqu'il se jette trop sur les autres; & si malgré cette taille, la branche excédoit les autres, on couperoit encore les deux rameaux plus élevés, en approchant toujours la coupe des rameaux inférieurs. On décharge ensuite la branche de tout le petit bois surnuméraire, & de certains petits rameaux qui s'entrenuisent par leur proximité.

Il faut conſerver les rameaux qui ont fourché, par préférence à ceux qui ne ſe ſont allongés que ſur une ſeule tige ; on doit ſupprimer entiérement ces derniers, à moins qu'ils ne fuſſent néceſſaires pour la figure de l'arbre.

On doit toujours entretenir les branches les plus vigoureuſes, & la branche inférieure doit céder ſa place à la ſupérieure qui ſe renverſe ſur elle. On ne doit pas héſiter de couper les petites branches en entier, lorſque les groſſes ſe portent ſur elles, & il ne faut jamais réduire une groſſe branche pour faire place à une petite, ſi ce n'eſt dans un cas de néceſſité, & toujours dans la vue de conſerver la figure de l'arbre.

Il eſt eſſentiel de ſupprimer certains bourgeons intermédiaires qui ſont placés dans le centre des branches, & qui occaſionnent des frottemens très-nuiſibles. Enfin, l'Olivier, on le répete, veut être, pour ainſi dire, moulé en boule ; il doit être fourni également de rameaux dans toute ſa circonférence ; chaque branche doit avoir la liberté de ſe mettre en mouvement, ſans nuire aux branches voiſines ; les branches les plus baſſes doivent être à la hauteur d'environ quatre pans pour ne point gêner la culture ; elles doivent avoir plus d'élévation dans les lieux où elles ſont expoſées à être rongées par les troupeaux, & le milieu de l'arbre doit être diſpoſé de façon à pouvoir y monter librement pour en cueillir le fruit.

L'Olivier qui a reſté quelques années ſans être élagué, ne donne que très-peu de bois nouveau; il n'allonge annuellement ſes rameaux que de deux ou trois paires de feuilles, qui ſont tellement rapprochées, qu'elles ne forment plus qu'une eſpece de bouquet avec celles de l'année précédente; ſa ſeve ſuffit à peine pour le faire ſubſiſter, & dans cet état il produit peu d'olives & fort petites.

La taille de cet Olivier n'ayant pour objet que de lui faire pouſſer du bois nouveau, doit être faite avec plus de ſévérité, & on doit lui enlever une grande partie de ſes branches; il faut traiter de même les Oliviers qui auront ſouffert, ſoit par le froid ſoit par la ſécherefſe.

Les Oliviers ne donnent du fruit que ſur le bois nouveau: c'eſt un principe vrai qui ſe vérifie chaque année, & les propriétaires comme les travailleurs ſont d'accord ſur ce point qui doit déterminer la taille; mais ils s'égarent preſque tous dans ſon application.

Le Travailleur ſe munit de nombre d'inſtrumens; il fait dans les vergers d'Oliviers un abattis de bois prodigieux, & regardant derriere ſoi, il jette des yeux de ſatisfaction ſur l'abondance de ſon travail, en faiſant obſerver au propriétaire que ſes coups n'ont porté que ſur le bois vieux & uſé ; qu'il trouvera dans le prix de ce bois de quoi fournir à une partie du coût de l'élagage.

Dans pluſieurs lieux de la Province, des propriétaires trop économes ou peu verſés en agriculture, induits par des travailleurs cauteleux, leur abandonnent les émondures pour prix de l'émondage de leurs Oliviers. De pareils arrangemens ſont deſtructifs des plantations d'Oliviers. Le Travailleur tire ſur le gros bois tant qu'il peut ; il n'y a guere de branches un peu groſſes qu'il ne faſſe ſervir à ſon avidité : peu touché du dommage qu'il vient de cauſer, il fait emporter ſes fagots en triomphe, & on le voit marcher à la ſuite d'un verger d'Oliviers ambulans.

Le Travailleur s'autoriſe de l'uſage où l'on eſt de mettre ſur le bois nouveau les Amendiers & autres arbres, pour les faire tourner à fruit ; mais comme ſur les Oliviers il n'y a jamais de branche morte, ni bois vieux apparent à ſupprimer, il s'imagine que les plus gros quartiers ſont le bois vieux qu'il doit couper ; que leur ſuppreſſion vivifiera l'arbre, & que la portion de ſeve qui fourniſſoit à ces groſſes branches, ſe portant en entier dans les petites brindilles auprès desquelles il a rabattu le gros bois, l'arbre poussera une tête nouvelle.

On ne doit pas se promettre que cette petite branche qu'on aura destinée pour rétablir la figure de l'arbre, puisse attirer suffisamment de seve pour former un Bourlet, & recouvrir insensiblement la plaie que la branche rabattue a laissé nécessairement après elle. La coupe noircit, la seve se retire, l'écorce se fend tout à l'entour, & la brindille qui n'attire que pour elle, ne reçoit plus autant qu'elle recevoit par la branche qui a été supprimée.

L'Olivier ne végete pas plus dans l'une de ses parties que dans l'autre ; chacun de ses rameaux attire la quantité de seve qui lui est nécessaire, mais aucun ne s'accroit aux dépens de la branche voisine ; & si quelque branche gourmande qu'on aura omis de supprimer, attire un peu plus de seve pendant la premiere année, elle est, l'année d'après, rangée à l'égal des autres branches, parce qu'elle s'est tournée à fruit.

Dans les autres arbres fruitiers, on distingue les branches à bois & les branches à fruit ; leurs branches à fruit s'épuisent, elles périssent, & on est obligé de les ravaler auprès de quelque branche à bois pour rétablir l'arbre : mais dans l'Olivier tous les rameaux ſont à bois & à fruit ; ils ſont toujours tous dans la même fonction, & tous enſemble ils concourent à entretenir une uniformité dans la figure de l'arbre.

L'Olivier n'a ni branches mortes, ni branches uſées ; il eſt, ou tout mort, ou tout malade, ou tout en vigueur, & l'état d'une de ſes branches eſt l'état où toutes les autres ſe trouvent ; ainſi elles doivent être toutes traitées de la même maniere. L'Olivier doit donner du fruit toutes les années, & pour cela il a beſoin d'un élagage annuel.

Enfin, l'Olivier ne périt jamais en détail ; on ne ſçauroit faire choix de ſon bois uſé pour ne lui conſerver que ſon bois nouveau ; les branches qu'on lui coupe portent à leurs ſommités des rameaux garnis de feuilles de deux années, pareils à ceux qu'on lui laiſſe.

C'eſt une erreur de croire que l'année que l'Olivier ne charge point, ſoit ſon année de repos ; c'eſt bien plûtôt le ſigne de l'épuiſement dans lequel on le jette lorſqu'on le laiſſe une année ſans l'élaguer ; alors tous ſes rameaux ſont en fleurs au printems ; mais ſi le fruit noue, ſa ſeve étant à peine ſuffiſante pour le nourrir, il en tombe une grande partie avant la maturité, l'arbre ne pouſſe preſque point à bois, & l'année d'après il ſe trouve hors d'état de produire, par le défaut de bois nouveau. Pendant cette prétendue année de repos, on décharge l'Olivier d'une partie de ſes groſſes branches; dans cet état il n'eſt plus occupé qu'à pouſſer du bois nouveau & à recouvrir en partie les bleſſures qu'on lui a faites : Ainſi on contraint l'Olivier de ſupporter la premiere année une ſurcharge de fruit, & la ſeconde, de pouſſer du bois nouveau, afin qu'il puiſſe s'entretenir dans cette triſte alternative. Un arbre conduit de la ſorte, peut-il jamais être d'une belle venue?

Par une ſuite néceſſaire de ce traitement, cet olivier ne donne que cinq récoltes dans l'eſpace de dix années, & il travaille à ſon rétabliſſement pendant les cinq autres années, tandis que l'Olivier que le pere de de famille élague annuellement, a donné dans dix ans dix récoltes, & que ſes branches ſe ſont élevées pendant dix fois. Quelle différence dans le produit & dans la progreſſion de l'arbre?

La taille de l'Olivier eſt donc réduite à deux objets : L'élaguement de ſes branches, & la ſuppreſſion générale de tous les bourgeons qui excedent les autres, afin de contraindre la ſeve à ſe porter dans toutes ſes parties, & à pouſſer également par chacun de ſes rameaux.

DU GOUVERNEMENT.

LA taille regle la portion de fruit que chaque partie de l'arbre peut ſupporter, & la culture contribue à le perfectionner : C'eſt par la culture que l'Olivier ſe trouve annuellement diſpoſé à donner du fruit ; il reſtitue avec profuſion la dépenſe qu'il exige.

Les Oliviers du terroir d'Aix doivent être diviſés en deux claſſes : La premiere comprendra les vieux Oliviers, dont l'ancienneté remonte juſqu'en 1709 ; & ceux qui ont été plantés depuis cette époque formeront la ſeconde.

Le froid de 1709 fit périr tous les Oliviers de ce terroir. Les Propriétaires privés par-là de leurs plantations, eurent recours aux moyens qu'ils crurent les plus propres à les faire rentrer promptement en jouiſſance. Les rejetons que les ſouches repouſſerent dans le printems, fixerent leur attention ; ils furent élevés avec ſoin.

Dans la vue de ſe procurer des récoltes plus abondantes, on laiſſa ſur chaque ſouche un nombre de ces rejetons, qui ne formoient enſemble que la tête d'un ſeul arbre ; & pluſieurs de ces Oliviers ſubſiſtent encore ſur trois ou quatre de ces anciens rejetons.

Le terrein occupé par ces rejetons, fut labouré très-légérement ; on craignoit de les endommager par une culture profonde ; les souches prirent leur accroissement en toute liberté, & leur chevelu poussa dans la superficie du terrein.

Depuis ce tems-là on ne donna plus aux Oliviers des labours profonds, ce qui a donné lieu de croire que les Oliviers se plaisent à être labourés légérement.

Lorsqu'on a voulu dans la suite changer ou renouveller les diverses plantations, on s'est apperçu que les labours profonds donnés autour de ces Oliviers, leur devenoient nuisibles par la suppression des racines & du chevelu qu'ils avoient poussé à fleur de terre ; mais quelques années après, ces mêmes Oliviers ayant poussé des racines nouvelles, on les a vus, pour la plûpart, reprendre des forces, & devenir plus beaux qu'ils n'étoient auparavant.

Ce rétablissement dans leur ancien état sert à prouver que ce n'est pas la culture profonde qui nuit aux Oliviers, & que c'est uniquement la suppression de leur chevelu & de leurs racines rampantes, qui les affoiblit pour un tems.

Un pareil succès ne doit pourtant pas séduire ; les terreins ne sont pas tous également propres à opérer le prompt rétablisſement des racines, & la poſition de ces anciens Oliviers réſiſte ſouvent à une culture profonde; ainſi il y a moins à riſquer en ſe conformant à l'uſage, & en ne donnant à ces Oliviers que des labours proportionnés à la profondeur de leurs racines.

On doit donner annuellement trois labours aux Oliviers: le premier, après qu'ils ont été élagués, c'eſt-à-dire, dans le mois d'avril & de mai; le ſecond, à la fin d'août; & le troiſieme, dans le mois de décembre, d'abord après la récolte des olives.

L'eſpace de terrein que les oliviers couvrent de leurs branches, ne doit jamais être occupé par aucune ſorte de ſemence; la plûpart du tems cette ſemence ne leve pas, & ſi elle leve, il eſt rare qu'elle produiſe: ainſi par une économie mal entendue, la ſemence eſt perdue, & l'ordre des cultures eſt interrompu, ce qui porte un préjudice notable aux Oliviers.

Ce n'eſt pas aſſez que de leur laiſſer la libre occupation du terrein, il faut encore leur donner annuellement un engrais proportionné à leur circonférence. La fiente de Pigeons, le fumier de Brebis, la litiere réduite en terreau, ſont les engrais qui lui conviennent le plus. On en met une petite quantité à l'entour de chaque Olivier, dans le mois de décembre, & tout de ſuite on donne le troiſieme labour.

Le mêlange des terres leur eſt encore très-profitable. Si les Oliviers ſont dans une terre légere, on peut pendant l'hiver faire porter au pied de chacun, environ une ou deux charges de terre forte & argileuſe, & dans le mois d'avril on répand cette terre autour de l'arbre, & on donne le premier labour. On doit en uſer de même à l'égard de ceux qui ſont placés dans une terre forte & compacte, au pied deſquels on fait porter une pareille quantité de terre légere, & même du gravier.

La terre légere ſe lie & ſe réunit par le mêlange ; l'eau ne filtre pas ſi facilement au travers, & elle n'eſt pas ſi-tôt deſſéchée par les chaleurs de l'été. La terre forte étant diviſée par le gravier, laiſſe un paſſage plus libre à l'humidité, & elle s'oppoſe moins à l'action des racines & du chevelu. Un pareil amendement ſeroit renouvellé fort à propos tous les deux ans.

Lors du ſecond labour il n'eſt queſtion ni d'engrais, ni de mêlange de terres, mais il reſte encore à faire une opération eſſentielle, c'eſt la ſuppreſſion des bourgeons gourmands que l'arbre pouſſe dans ſon intérieur ; ces bourgeons attirent une portion de ſeve au détriment du fruit.

Pendant l'hiver on doit faire un petit foſſé en forme de croiſſant autour des Oliviers qui ſont ſitués ſur des terreins en pente, afin de recevoir l'eau qui découlera de la partie ſupérieure. On met dans le fond du foſſé un peu de gros fumier ſur lequel on jette deux pouces de terre. Ce foſſé reſte dans cet état juſqu'au printems ; alors on applanit le terrein en donnant le premier labour.

Les Oliviers qui ont été plantés depuis 1709, ont reçu des labours profonds ; leurs ſouches ne ſe ſont pas encore fort rapprochées de la ſuperficie du terrein ; leurs racines ſont profondes, & leur chevelu eſt moins expoſé à être endommagé par les labours : on peut ſans héſiter leur donner toute ſorte d'engrais, & le labour profond d'hiver, en entretenant leurs racines toujours baſſes, les rendra plus vigoureux, & par conſéquent plus fertiles.

La plûpart des arbres fruitiers ne répondent aux ſoins qu'on leur donne, que par une abondance de branches ſouvent ſtériles ; on eſt quelquefois obligé de leur refuſer les labours, & même d'en venir à la dégradation, ſi on veut en obtenir du fruit. L'Olivier, au contraire, multiplie ſes récoltes en proportion de la culture qu'on lui donne ; ſes branches nouvelles ſont toujours toutes diſpoſées à fruit ; plus il produit, plus il eſt en état de produire, il ne ſe laſſe jamais : ſes rameaux ne fructifient qu'une ſeule fois, il eſt vrai, mais ils pouſſent à leur ſommité un nombre de bourgeons qui nous promettent des récoltes toujours plus abondantes.

Cette fertilité eſt le pur effet de la culture ; car l'Olivier qu'on ceſſe de cultiver, devient bientôt ſtérile ; ſes rameaux ne s'allongent preſque plus, ils ſe forment alors par bouquets ; ſes feuilles, quoique nouvelles, annoncent par leur couleur l'état d'abandon où il ſe trouve ; quelques-unes de ſes fleurs peuvent bien nouer en été, mais ſouvent il n'a pas la force de nourrir le fruit juſqu'au terme ; & ſi quelque pluie favorable dans la ſaiſon, lui en procure le moyen, le fruit ſera ſi petit, & en ſi petite quantité, qu'on conſultera peut-être pour ſçavoir s'il n'eſt pas plus avantageux de l'abandonner que de le cueillir.

Je finis en vous retraçant les principes de la taille & de la culture des Oliviers.

Ne ravalez jamais les groſſes branches des Oliviers.

Qu'à leur ſommité leurs rameaux ſe réuniſſent pour les garantir des rayons brûlans du ſoleil.

Qu'à leur entour leurs branches latérales ſervent de rempart au pied de l'arbre contre le froid & les frimats.

Couvrez leur ſouche d'une terre nouvelle pendant l'hiver.

Cultivez légérement & planez auprès des anciens Oliviers. Je ſuis &c.

www.ingramcontent.com/pod-product-compliance
Lightning Source LLC
LaVergne TN
LVHW021643170726
843501LV00007B/2386

* 9 7 8 2 3 2 9 6 5 0 2 8 9 *